FAR EAST, FAR WEST

BENOIT AQUIN
FAR EAST, FAR WEST

Olivier Asselin & Patrick Alleyn

les éditions du passage

Far East, Far West
Benoit Aquin

les éditions du passage
1115, avenue Laurier Ouest
Outremont (Québec) H2V 2L3
Tél. : 514.273.1687
Téléc. : 514.908.1354

Diffusion pour le Canada :
PROLOGUE
1650, boul. Lionel-Bertrand
Boisbriand (Québec) J7E 4H4
Tél. : 450.434.0306
Téléc. : 450.434.2627

Diffusion pour la France :
Librairie du Québec
DNM – Distribution du Nouveau Monde
30, rue Gay Lussac
75005 Paris
Tél. : +33 1 43 54 49 02
Téléc. : +33 1 43 54 39 15

Conception graphique :
Feed
Traitement des images :
Photosynthèse
Révision française :
les éditions du passage
Traduction et révision anglaise :
Louise Ashcroft

Dépôt légal :
Bibliothèque nationale du Québec
Bibliothèque nationale du Canada
4e trimestre 2009

Catalogage avant publication
de Bibliothèque et Archives nationales du Québec
et Bibliothèque et Archives Canada

Aquin, Benoit

   Far East, Far West

   Comprend des réf. bibliogr.
   Texte en français et en anglais.

   ISBN 978-2-922892-37-6

   1. Désertification - Chine - Ouvrages illustrés.
   2. Désertification - Chine. I. Alleyn, Patrick. II. Titre.

GB618.7.A68 2009   333.73'60951022   C2009-941828-2F

Bibliothèque et Archives nationales du Québec
and Library and Archives Canada
cataloguing in publication

Aquin, Benoit

   Far East, Far West

   Includes bibliographical references.
   Text in French and English.

   ISBN 978-2-922892-37-6

   1. Desertification - China - Pictorial works.
   2. Desertification - China. I. Alleyn, Patrick. II. Title.

GB618.7.A68 2009   333.73'60951022   C2009-941828-2E

Nous remercions de leur soutien financier
Le Gouvernement du Québec – Programme de crédit
d'impôt pour l'édition de livres – Gestion SODEC
Le Conseil des Arts du Canada

Nous reconnaissons l'appui financier du gouvernement
du Canada par l'entremise du ministère du Patrimoine
canadien (Programme d'aide au développement
de l'industrie et de l'édition).

À Célina St-Amour Crochetière
et à Arthur Aquin

SOUS LE VOILE DE POUSSIÈRE.
QUELQUES IMAGES DE LA DÉSERTIFICATION

Olivier Asselin

À l'origine du livre que voici, il y a, certes, un reportage — et trois voyages — de Patrick Alleyn et de Benoit Aquin, partiellement financé par l'Agence canadienne de développement international, publié dans le *Walrus Magazine*, couronné par la National Magazine Award Silver Medal for Photojournalism and Photo Essays, puis par le prix Pictet décerné aux projets qui contribuent à la réflexion sur le développement durable. Et le reportage est remarquable, qui attire l'attention sur un désastre écologique d'une ampleur sans précédent : l'inexorable désertification de la Chine, des steppes qui s'étendent de la Mongolie-Intérieure aux provinces de l'Ouest. Et ce reportage est d'autant plus troublant que, de toute évidence, il aborde un problème global, auquel le monde entier devra bientôt faire face.

Le livre évite le principal écueil de tout reportage, qui risque toujours de noyer l'information — et le politique — dans l'exotisme et l'esthétisme. Il ne s'agit pas ici de nourrir, une fois de plus, la passion orientaliste de l'Occident, dont la Chine est aujourd'hui devenue l'objet privilégié et, bien sûr, ambivalent (puisqu'elle est à la fois admirée, pour son extraordinaire développement économique, et critiquée, pour son bilan écologique et son irrespect des droits de la personne). Il s'agit simplement de décrire et de dépeindre, avec précision, la terrible transformation d'un paysage, ses causes et ses conséquences, notamment humaines, les solutions proposées, leurs succès et leurs échecs.

La désertification n'est pas ici un processus naturel. Même si la sécheresse y a certainement contribué, le phénomène est essentiellement d'origine humaine. Mais il n'est pas industriel. Il est dû à l'accroissement de la population et de la demande alimentaire en Chine dans la seconde moitié du XXe siècle, qui a encouragé les bergers de ces régions à élever des troupeaux plus nombreux. Or ces troupeaux ont rasé, littéralement, les steppes qui sont bientôt devenues de véritables déserts. Paradoxalement, cette expansion, qui devait assurer la prospérité des populations, suscite aujourd'hui une nouvelle pauvreté.

9

Et pour ajouter à la misère, le vent lève régulièrement sur ces contrées désolées des tempêtes de sable dont les effets se font sentir jusqu'à Pékin, et au-delà des mers. Le gouvernement chinois a bien tenté de contrer le processus, par l'interdiction du pâturage, la création de zones protégées et le reboisement, par la diversification des élevages et des cultures, par le déplacement des populations et leur rééducation, par l'irrigation et la construction d'oasis artificielles, etc. Toutefois, les résultats sont décevants, notamment parce que les solutions proposées ne sont pas toujours adaptées aux traditions locales. Quoi qu'il en soit, le travail d'Aquin nous offre une image plus nuancée de la Chine — et du régime. Pour une fois, l'État chinois, malgré le capitalisme sauvage et le développement industriel illimité qu'il semble toujours privilégier, n'est pas la cause du problème : il s'active au contraire à trouver des solutions, souvent avec une aide internationale. Et pendant ce temps, la désertification s'accentue.

Mais ce livre n'est pas seulement un reportage. C'est aussi un journal de voyage qui suit l'itinéraire d'un train, le K43-T69, traversant le nord de la Chine d'est en ouest, à la naissance de l'ancienne route de la Soie. Les images font le récit — la chronologie et la cartographie — de ce long parcours. Elles articulent ainsi le temps, objectif, du reportage sur le temps, subjectif, du journal, mêlant la grande histoire et l'anecdote, l'information journalistique (écologique, culturelle, sociale, économique et politique) et les notes de parcours sur les gestes quotidiens des gens, les rencontres fortuites, les petits incidents, qui ancrent le propos dans la réalité et offrent une compréhension plus intime du sujet et de ses dimensions humaines.

Les images de Benoit Aquin n'appartiennent ni tout à fait au reportage ni au journal de voyage. Mais elles font travailler ces genres parce que, justement, elles résistent à la généralité et à la narrativité. En tant qu'empreintes, ces photographies sont irrémédiablement attachées à des singularités ; par leur cadrage, elles ne présentent du monde que des fragments prélevés sur la totalité du paysage, de la société et de la terre ; par leur instantanéité, elles ne retiennent que des moments éphémères captés sur la durée, le récit et l'histoire. Et même si elles s'inscrivent dans un projet documentaire, elles ont préservé une certaine autonomie par rapport à cette intention, qu'elles n'illustrent jamais parfaitement et souvent pas du tout, comme si le photographe s'était volontairement laissé distraire. Toujours, ces images vont au-delà de la fonction, symbolique ou narrative, que le discours leur attribue.

Les photographies d'Aquin ont indéniablement une valeur documentaire. Elles montrent précisément l'ampleur du désastre, partout dans le paysage : le désert, les troupeaux qui broutent une végétation rare, le sol craquelé, un lit de rivière asséché, les tempêtes de sable, le reboisement et les nouvelles plantations, les usines de pompage, les réseaux d'irrigation, les oasis artificielles et les villes nouvelles, avec leurs commerces, leurs hôtels et leurs restaurants, etc. Elles s'attardent aussi aux êtres humains qui vivent, malgré tout, dans ce paysage désolé — les bergers qui gardent leur troupeau, les commerçants au marché, les ouvriers sur les chantiers, les citadins qui vaquent à leurs occupations.

Et ces images, chacune d'elles et toutes ensemble, manifestent les tensions ou, du moins, les contrastes qui façonnent cet univers : des contrastes historiques et générationnels entre le mode de vie traditionnel des bergers des steppes et la vie moderne des citadins ; des contrastes sociaux entre les anciens nomades appauvris et les nouveaux bourgeois plus aisés ; des contrastes ethniques, religieux, linguistiques et culturels, aussi, entre la majorité han et les minorités mongole et musulmane. Nous avons le sentiment d'être ici aux confins du territoire, où se rencontrent des univers hétérogènes. Ces contrastes s'expriment partout : dans l'architecture (la tente contre la maison de blocs de béton, les chemins de pierraille contre les larges boulevards asphaltés), le costume (les foulards sur les cheveux et les robes aux chevilles contre les jeans et les talons hauts, une casquette de baseball sur la tête d'un jeune garçon contre les pakols, ces chapeaux afghans, sur la tête des aînés), l'industrie (le travail manuel contre les usines), dans le rythme (le mouvement lent du troupeau contre la circulation, plus rapide,

de la bicyclette et de la motocyclette, le pas pressé des citadins qui vont au travail ou font des courses contre la léthargie du mendiant qui attend patiemment qu'on jette une aumône dans sa sébile).

Les images d'Aquin évitent les lieux communs de la représentation humaniste de l'humanité qui hantent la photographie au moins depuis *The Family of Man*. Ces images-ci sont souvent dures mais jamais pathétiques — elles ne cultivent pas les formes convenues du pathos, qui anticipent les discours bien-pensants. Au contraire, ces photographies restent toujours étrangement réservées et parfois même muettes. Les visages, ici, sont généralement *inexpressifs* : ils sont souvent saisis dans ces moments, nombreux dans la vie mais négligés par la photographie, où ils cessent de signifier. Le plus souvent, ces visages sont cachés ou brouillés — par un masque antipollution ou un foulard, par un rideau ou quelque autre surface, par un arbre ou quelque autre objet, ou tout simplement parce que les personnages sont vus de dos, de haut ou de trop loin, parce qu'ils sont hors foyer ou coupés par le cadre.

Les animaux, aussi, sont nombreux dans ces images — et dans ces contrées, où ils vivent, non pas séparés mais parmi les gens : on croise des moutons et des chèvres, des ânes et des chevaux, une vache égarée, comme des chiens et des chats. Tous sont traités avec la même retenue : ils sont rarement humanisés, ils ont la même opacité. Pourtant, dans cet ensemble apathique, une image tranche, qui montre deux chiens enchaînés, les crocs découverts, cherchant à se battre devant un groupe d'hommes immobiles et muets. Il est révélateur, sans doute, que la seule image de violence explicite dans ce monde pétrifié soit animale.

Les images d'Aquin sont d'une très grande sensualité. Qu'elles recourent au plan d'ensemble, pour considérer le monde à l'échelle du paysage et des grands travaux qu'il suscite, ou au plan rapproché, pour revenir à l'échelle humaine, ces images portent une attention particulière à la vie *matérielle*, aux gestes de ces gens, à leurs mains, à leur corps, à leurs vêtements, aux choses qu'ils manipulent, aux matières qui les entourent ; elles décrivent le travail, essentiellement manuel, des bergers, des commerçants et des ouvriers ; elles montrent le sol, l'herbe rare, les cailloux, la poussière et même l'air, les murs salis, le bois usé, le métal rouillé par le temps, les tissus qui battent et les papiers qui volent au vent.

Les images d'Aquin sont aussi d'une extraordinaire beauté. Mais elles résistent aux formes convenues de l'esthétique. La composition est discrète, mais d'une grande subtilité. Loin du simplisme formel qu'on associe usuellement à la beauté, ces images ne privilégient ni n'évitent le centre, elles ne peuvent jamais se résumer à quelque grande ligne ou à quelque grande forme compositionnelle (horizontale ou diagonale, rectangulaire, triangulaire ou circulaire), ni à quelque

opposition de plans dans la profondeur. Parfois, le cadrage est classique : le motif est centré, le ciel et le paysage sont proportionnés, le point de vue est frontal et les lignes du motif font écho à celles du cadre, ou alors il est précisément oblique et le motif s'ouvre sur deux points de fuite. Mais le plus souvent, le cadrage paraît arbitraire et bien des objets limitrophes, des gens même, sont coupés par le cadre.

Ces images refusent ainsi de stabiliser et d'éterniser leur motif, elles manifestent au contraire l'instabilité de la réalité, sa fugacité. Elles ne cultivent pas pour autant l'instant « décisif », cet autre poncif de la photographie. Ici, chaque instant est unique, mais il reste généralement banal, comme la vie quotidienne qui perdure, même devant les menaces sourdes. Ces images évitent ainsi les deux temps usuels de la photographie, le temps du monument et le temps de l'événement, pour présenter un autre temps, un temps long, irréversible et fini, celui des civilisations qui passent, celui des catastrophes naturelles. De ce point de vue, il n'est pas étonnant que les images d'Aquin ne puissent se laisser résumer sous une esthétique dominante ou un style : le regard posé sur le monde semble, chaque fois, absolument unique, comme un premier ou un dernier regard.

Enfin, il y a, dans le travail d'Aquin, une véritable fascination pour les surfaces. Elles présentent souvent des motifs *étendus* et *plats*, qui bloquent partiellement ou totalement la vue et manifestent la planéité de l'image : un mur, une vitre où deux vues se super-posent, un rideau de bandes de plastique qui clôt la porte d'un commerce, le pare-brise d'une voiture, une bâche qui délimite un chantier urbain, de larges panneaux couverts de signes, un journal ouvert, le toit d'une tente, une ligne d'hommes, une rangée d'arbres, etc. Ou encore, elles présentent le motif de telle sorte qu'il devienne plat : une terre craquelée, un lit de cailloux, un plancher carrelé ou une chaussée asphaltée qui, vus de haut, remplissent presque tout le cadre et viennent rabattre l'espace photographique sur la surface de l'image.

La surface est également affirmée par la *multipli-cation* des motifs, par la répétition homogène d'un même motif ou, au contraire, par une accumulation hétérogène de motifs différents : une foule portant des couvre-chefs et des vêtements variés, des draps fleuris étalés au marché, un amoncellement de chaus-sures sur l'étal d'un marchand, des bicyclettes et des motocyclettes dont les sièges sont couverts de tapis de selle brodés, des papiers dispersés dans un champ, des dizaines de bouts de tissu montés comme des drapeaux qui s'effilochent au vent, etc. Ces motifs, ces couleurs et ces textures variés couvrent la surface de l'image et l'animent d'un mouvement visuel incessant, comme dans une composition *all over*, ou un *tapis*.

Enfin, la surface se manifeste quand la nuit noire ou la brume de l'aube, quand la fumée, le sable et la poussière viennent atténuer les contrastes de lumière et de couleur, diffuser les contours, brouiller les plans dans la profondeur pour tout verser dans un espace insituable, purement optique, entre les limites loin-taines de la visibilité et la surface de l'image, comme dans une composition *colorfield*, ou un *voile*.

Toute cette beauté apparaît comme une oasis dans le désert. Elle est peut-être un mirage — un simple miroitement sur la catastrophe —, mais, étrangement, elle permet d'espérer. Peut-être parce qu'elle est née de la rencontre, fortuite, entre une nature aveugle et l'inlas-sable activité des sociétés humaines sous le regard, extraordinaire, d'un photographe. Témoin ces fragiles fleurs blanches qui ont poussé, malgré tout, sur cette terre aride : elles font sur la surface comme un délicat flocheté. Au-delà du document éloquent, au-delà de l'œuvre d'art émouvante, les photographies d'Aquin ont cette qualité, rare, trop rare, que Roland Barthes a nommée, si justement, la *pensivité*. Dans l'ensemble des images qui nous sont offertes quotidiennement, dans le milieu audiovisuel luxuriant dans lequel nous vivons, elles sont comme une lueur d'intelligence, de sensibilité et de profondeur philosophique.

LE *DUST BOWL* CHINOIS

Patrick Alleyn

De Pékin à Urumqi, en Chine, le train K43-T69 parcourt les steppes du Nord avant de suivre la légendaire route de la Soie. Le K43-T69 pourrait s'appeler « le train de la désertification ». D'est en ouest, il franchit 3 343 kilomètres de prairies sablonneuses, de rivières asséchées, de déserts anciens — et nouveaux —, d'oasis en péril.

Au rythme des roues métalliques claquant sur les rails, le passager voit défiler deux jours durant un paysage de rêve — l'infini des steppes et des déserts —, qui dévoile cependant un des graves bouleversements écologiques de notre temps : la formation du *Dust Bowl* chinois, une des plus grandes conversions de terres productives en déserts dans le monde. Les déserts, en grande partie naturels, occupent près de 20 % du territoire chinois. Cependant, un quart d'entre eux sont le fait de l'activité humaine. Presque tous bordent le trajet du K43-T69 ralliant la Mongolie-Intérieure, le Ningxia, le Gansu et, aux confins de l'Asie centrale, le Xinjiang.

Fermiers et bergers chinois ont transformé, au fil des ans, de nombreuses terres agricoles et prairies verdoyantes en de nouveaux déserts. Le sol fertile, une fois dénudé, est emporté par les vents printaniers dans des tempêtes de poussière aux proportions historiques, s'abattant sur la capitale, Pékin, puis sur la Corée et le Japon. Certains nuages jaunes, particulièrement gigantesques, franchissent le Pacifique et atteignent les États-Unis et le Canada. La perte de sol arable si précieux pour l'agriculture chinoise devient source de pollution des villes du pays et d'une partie du monde.

L'expression *Dust Bowl* (bol de poussière) a été inventée pour décrire la sécheresse qui frappait, dans les années 1930, le Midwest des États-Unis et les prairies canadiennes. Le *Dust Bowl* nord-américain avait obligé, à l'époque, près de trois millions de personnes à abandonner leurs terres. En Chine, l'État met en œuvre une politique de « migration écologique » (*Shengtai yimin*), qui entraînera le déplacement — forcé ou volontaire — de plusieurs millions de personnes.

Mais une autre vision ébahit les passagers : partout, des bataillons de paysans descendent de vieux camions, avec leurs pelles et des pousses d'arbres. Dans les immensités désertiques, des bosquets se dressent contre les vents. Le train du Grand Ouest chinois inspecte ainsi le plus important chantier de restauration environnementale de la planète. La *Grande Muraille verte*, une barrière végétale longue de 4 500 kilomètres, protégera les terres de l'érosion, une fois achevée. À ce boisement massif s'ajoute un autre projet hors de proportion : le *Nan Shui Bei Diao* (littéralement « Transfert de l'eau du Sud vers le Nord »). Il s'agit de détourner une partie des eaux du fleuve Yangzi vers le nord du pays, à travers des milliers de kilomètres de canaux et de tunnels dans les montagnes.

Au kilomètre 501, le train entre en gare à Jining, première station de l'immense province de Mongolie-Intérieure, célèbre pour ses bergers mongols et ses steppes verdoyantes. Aujourd'hui, les visiteurs y découvrent de nouveaux déserts.

Un taxi nous conduit dans la steppe de Xilingol. Le soir tombe. Le long de la route, l'herbe se raréfie. Une loi interdit le pâturage en période critique, comme au printemps. Des clôtures cernent les prairies en réhabilitation. Après une courbe, comme sorti de nulle part et malgré l'interdit, un troupeau de moutons broute la steppe épuisée. Deux bergers nous accueillent. « La nuit, nous amenons nos bêtes aux champs, quand la police n'est plus de service ! » raille l'un d'eux. Coupant court à la discussion, il pousse ses bêtes vers la vallée, car une patrouille se pointe. « La police de l'herbe ! » prévient-il. En retournant au taxi, partout sous nos pieds, la prairie protégée est couverte d'excréments de moutons.

Au petit matin, nous roulons sur l'autoroute qui traverse des kilomètres de sable avant d'atteindre la prairie entourant Xilinhot. Des cavaliers mongols à motocyclette dirigent leurs hardes de chevaux dans les vallons dénudés. Mais la majorité des humains que l'on croise sont des ouvriers repiquant des saules jaunes pour fixer les dunes.

Plus loin, dans un atelier, des bergers attendent leurs motos en réparation. Le seul à parler mandarin résume les propos des Mongols autour de lui : « Les restrictions ne sont pas bonnes pour nous. Les moutons en enclos sont maigres et certains meurent. C'est pourquoi beaucoup de bergers se cachent de la police de l'herbe, la nuit, pour faire brouter leurs animaux. »

Le lendemain matin, à Xilinhot, le ciel est bleu clair. Vers 11 h, un nuage de poussière provenant des steppes environnantes s'engouffre dans la ville par l'extrémité de chaque avenue. Le ciel vire au jaune et le sable tambourine sur les vitres de la voiture. « Il faut changer le pare-brise une fois par année », se désole le chauffeur du taxi. Malgré la poussière piquant les yeux, les équipes de planteurs d'arbres continuent leur mission.

Au kilomètre 1 185, le train entre dans l'interminable zone industrielle de Wuhai, au bord du fleuve Jaune. Nous nous rendons en bus à Alashan Zuoqi. Le long de la route, les demeures en pisé qu'habitaient les bergers tombent en ruine. Le gouvernement local y mène une opération de déplacement forcé, l'objectif étant de sortir des prairies dégradées 80 % des bergers de la région d'ici 2010. On les réinstalle dans des villages où ils apprennent à cultiver en serre.

À notre arrivée dans l'une de ces communautés modèles, une dame nous fait part de l'inquiétude des familles : « L'interdiction de pâturer doit durer cinq ans, mais nous craignons de ne pas récupérer nos terres après. » Une jeune femme apparaît alors en moto et nous invite à manger du mouton chez·sa mère. Nous y sommes accueillis par des officiels du Bureau de la propagande. L'invitation était un piège tendu aux reporters étrangers. Le chef s'indigne : « Que faites-vous sur MON territoire, sans permission ? Vous violez la constitution chinoise ! » Ses subordonnés nous convient au meilleur restaurant d'Alashan, puis nous escortent sans ambages à la gare.

Au kilomètre 1 335, le train fait halte à Yinchuan, dans le Ningxia, région « autonome » des Hui, musulmans culturellement proches de la majorité des Chinois. Les grandes steppes mongoles font place à un nouvel écosystème : les immenses déserts de l'Ouest chinois et leurs oasis agricoles, qui abritèrent jadis les caravaniers de la soie.

Hongsibao et ses 42 villages satellites sont sortis de terre en 1995 dans une vaste étendue de gravier, où seuls circulaient les chars de l'Armée populaire de libération. Désormais, Hongsibao est la plus grande ville de réfugiés écologiques de Chine. Elle loge 200 000 paysans évacués de leurs montagnes arides.

L'oasis créée en pompant l'eau du fleuve Jaune, non loin, est le joyau de la stratégie du gouvernement chinois appelée « Construction écologique » (*Shengtai jianshe*). Celle-ci consiste à sauvegarder les écosystèmes en péril et à sortir des millions de personnes de la pauvreté. La « Construction écologique » comprend deux volets : d'un côté, on ferme des zones complètes à l'activité humaine, et on retourne ces écosystèmes dégradés à la nature ; de l'autre, les ingénieurs « construisent » de nouveaux écosystèmes, comme des forêts dans les steppes.

Hongsibao, ville nouvelle, a tout, avec ses airs de *company town* : sa boutique de robes de mariée, son magasin de jeans à la mode, son laboratoire photo « en une heure », son marché, animé de musique techno, avec des tables de billard en plein air, et une grande place publique dans un style soviétique postmoderne, illuminée de lampadaires ailés. On y cultive à l'ombre de 69 000 hectares de forêt artificielle. La demande pour vivre à Hongsibao est si forte que des gens soudoieraient des fonctionnaires pour se faire inscrire sur la liste des déplacés.

Dans sa cour, Mme Ma regarde les enfants aux joues cuivrées sauter à la corde. Nouvelle résidante, elle raconte : « Tout notre village est rendu ici. Cela a pris dix ans. » Elle s'ennuie de sa montagne, de ses panoramas. « Mais nous préférons notre nouvelle maison », conclut l'ancienne habitante d'une grotte. L'ONU a classé son pays natal parmi les plus inhospitaliers pour l'espèce humaine sur Terre.

Une autre tempête se lève, paralysant tout Hongsibao. Le marché à l'architecture arabisante se vide de ses visiteurs. La ville modèle jaunit, sous l'épaisse chape de poussière, rappelant que la « Construction écologique » n'est pas achevée...

Au kilomètre 1 741 du train K43-T69, l'oasis de Minqin, dans le Gansu, symbolise désormais la résistance contre la désertification en Chine. Chercheurs, chefs politiques et reporters s'y succèdent, car l'image est forte : la petite enclave agricole de 300 000 habitants rapetisse chaque année, permettant à deux vastes déserts, le Badain Jaran et le Tengger, de fusionner progressivement pour n'en former qu'un seul, gigantesque.

Sitôt descendu à Minqin, le voyageur remarque le ronronnement des pompes diesels aux quatre coins de l'oasis. Elles tirent l'eau du sous-sol vers des canaux inondant des champs de maïs, de blé et de melons.

Appuyé sur sa pelle, une cigarette entre ses doigts jaunis par les fertilisants, le cultivateur Xu Li Qing justifie l'opération : « On pompe les eaux souterraines, parce que la rivière arrosant l'oasis est à sec. Mais on pompe toujours plus creux », reconnaît-il. « Dans 20 ans, on aura vidé l'eau du sous-sol », analyse le fermier. Aux abords de sa terre, des rangées de saules pourpres plantés pour arrêter la progression des dunes, semblent plutôt morts. « Ils sont morts à demi », précise-t-il.

Dernière étape du voyage, le Xinjiang est à la frontière de la Chine et de l'Asie centrale. La maîtrise de cette région bordant huit pays a toujours été primordiale pour les empereurs chinois, comme pour le gouvernement central de la République populaire aujourd'hui.

À notre arrivée à Urumqi, la capitale, une voix enregistrée nous répète jusqu'à plus soif que le Xinjiang est depuis des siècles une région multiethnique. « Les Kazakhs, les Mongols, les Ouzbeks, les Hui, les Ouïgours, les Han... », énumère l'enregistrement destiné aux touristes. Mais le Xinjiang était historiquement peuplé d'une majorité ouïgoure, peuple de foi musulmane et de langue d'origine turque. Aujourd'hui, après des décennies de politiques de peuplement de ce Grand Ouest chinois favorisant les Han, ceux-ci, majoritaires en Chine, représentent désormais près de la moitié des 20 millions d'habitants du Xinjiang.

Changement de train à Urumqi pour se rendre à Kashgar, haut lieu de la culture ouïgoure, au sud du Xinjiang. Nous gravissons les monts Tianshan. Les wagons à étage bondés se faufilent dans les tunnels entre les cimes enneigées. C'est le printemps et la fonte des neiges alimente le Tarim, en contrebas. Ce long fleuve intérieur irrigue un chapelet d'oasis naturelles ceinturant presque tout le Taklamakan, le deuxième plus grand désert du monde, après le Sahara. Le formidable écosystème du bassin du Tarim est néanmoins fragile, car la quantité d'eau y est limitée.

L'entrée en gare de Kashgar est impressionnante : des centaines de travailleurs chinois han, une immense poche sur le dos, descendent du train et prennent d'assaut la ville ouïgoure, à la frontière du Pakistan. Le train, pour les Ouïgours, est la dernière étape d'une colonisation massive de la région menée par l'État chinois. Dimanche, le bazar, typique de l'Asie centrale, avec ses kebabs fumants, ses étals de fruits séchés et de noix, ses milliers de vendeurs, d'acheteurs et d'ânes, ensorcelle le visiteur. Mais de notre chambre d'hôtel, nous apercevons une affiche monumentale du basketteur chinois Yao Ming, symbole de la rapide sinisation de la vieille ville.

Puis sur toutes les routes de la vallée du fleuve Tarim, nous découvrons, implantées par dizaines, des colonies de fermiers soldats. Après 1949, le gouvernement communiste a installé au Xinjiang ces brigades agricoles, les *Bingtuans*, pour protéger officiellement les frontières. Mais leur mission première semble plutôt avoir été d'enrayer le nationalisme ouïgour. Ces communes autonomes, où vivent 2 millions de membres, essentiellement des Chinois han, possèdent le tiers des terres arables de la région, contrôlent la source des rivières et pratiquent une monoculture extensive du coton. Cette colonisation du Xinjiang a entraîné la surpopulation des oasis et causé la désertification du bassin du Tarim.

En taxi, nous cherchons la fin du grand fleuve. Nous la trouvons finalement sous la forme d'un ruisseau, parmi des peupliers d'Euphrate en décomposition dans le désert. Tout l'écosystème du Xinjiang est menacé. Les changements climatiques accélèrent la fonte des glaciers, mettant en péril les réserves d'eau pour le futur. Aussi le gouvernement envisage-t-il la construction de dizaines de réservoirs géants pour stocker l'eau.

Au retour vers Pékin, la queue d'une gigantesque tempête de poussière enveloppe le train. Les puits de pétrole entre Turpan et Hami basculent dans un nuage jaune. Nous assistons à une scène à la fois surréaliste et dramatique : le vent emporte une autre fine couche du précieux sol arable du nord de la Chine, laissant sur place le sable et la roche. Une fois disparue, la terre fertile prendra jusqu'à 200 ans pour se reconstituer.

Bayannur,
Mongolie-Intérieure

Bayannur,
Inner Mongolia

Bayannur,
Mongolie-Intérieure

Bayannur,
Inner Mongolia

Lanzhou,
Gansu

Lanzhou,
Gansu

Lanzhou,
Gansu

Lanzhou,
Gansu

26

Place Tiananmen,
Pékin

Tiananmen Square,
Beijing

Place de l'Unité
(*tuanjie guangchang*), Hotan,
Xinjiang

Unity Square
(*tuanjie guangchang*), Hotan,
Xinjiang

Bazar de Hotan,
Xinjiang

Hotan Bazaar,
Xinjiang

Bazar du dimanche à Kashgar,
au bord de la rivière Tuman,
Xinjiang

Kashgar Sunday Bazaar,
on the banks of the Tuman
River, Xinjiang

Sanctuaire de l'imam Asim
dans le désert de Taklamakan,
Hotan, Xinjiang

Imam Asim Shrine, in the
Taklamakan Desert, Hotan,
Xinjiang

Grand marché aux bestiaux
de Kashgar, Xinjiang

Kashgar Sunday livestock
market, Xinjiang

Chemin gravissant les
montagnes Noires (*Hei Shan*)
jusqu'à la Grande Muraille
de Chine, Jiayuguan, corridor
de Hexi, Gansu

Path leading up the Black
Mountains (*Hei Shan*)
to the Great Wall of China,
Jiayuguan, Hexi Corridor,
Gansu

Entre Turpan et Hami,
Xinjiang

Between Turpan and Hami,
Xinjiang

Désert de Hunshandake,
Xilingol, Mongolie-Intérieure

Hunshandake Desert,
Xilingol, Inner Mongolia

Hongsibao, ville nouvelle
de « migrants écologiques »,
Ningxia

Hongsibao, new city of
"environmental migrants",
Ningxia

Sanggen Dalai,
Mongolie-Intérieure

Sanggen Dalai,
Inner Mongolia

Marché du lundi, à Upal,
sur la route du Karakoram
reliant le Xinjiang et le Pakistan

Upal Monday market, on the
Karakoram Highway connecting
Xinjiang and Pakistan

Korla, bassin du Tarim,
Xinjiang

Korla, Tarim Basin,
Xinjiang

Pékin

Beijing

Train K43A, entre Pékin
et Jiayuguan

Train K43A, between Beijing
and Jiayuguan

Pékin   Beijing

Dans la province de Hebei,
près de Pékin

Hebei Province,
near Beijing

Marché du lundi,
à Upal

Upal
Monday market

Sanctuaire de l'imam
Jafar Sadiq, Kapakaskan,
Xinjiang

Imam Jafar Sadiq
Shrine, Kapakaskan,
Xinjiang

Rivière Hotan,
Xinjiang

Hotan River,
Xinjiang

Au bord de la rivière Ghez,
sur la route du Karakoram

On the banks of the Ghez River,
on the Karakoram Highway

Hotan,
Xinjiang

Hotan,
Xinjiang

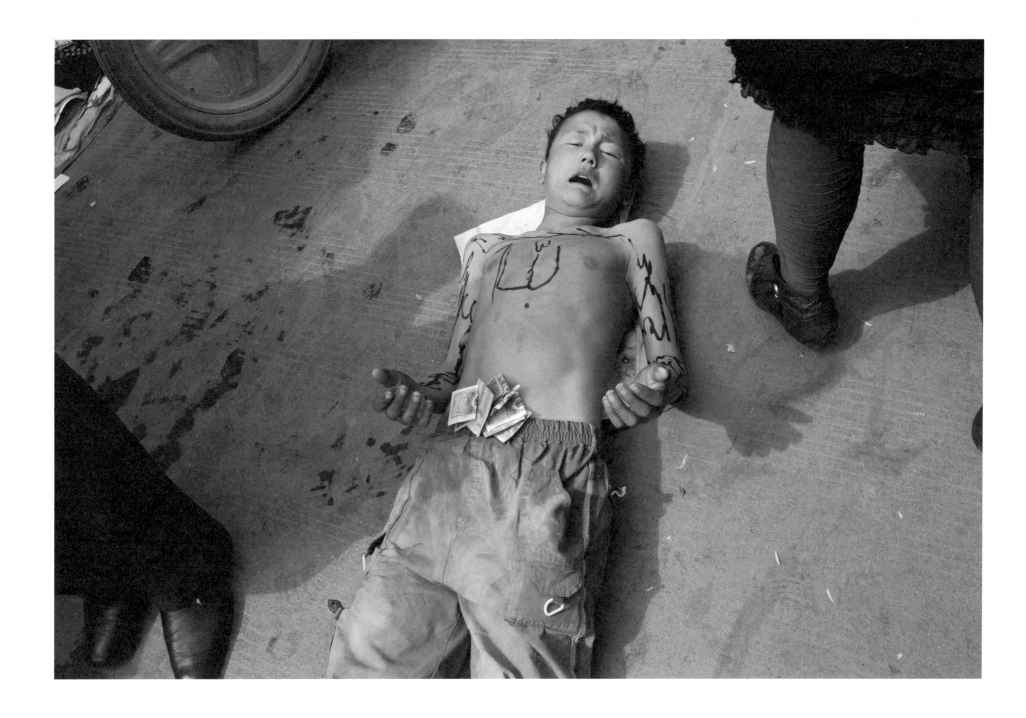

Bazar du dimanche à Kashgar,
Xinjiang

Kashgar Sunday Bazaar,
Xinjiang

Combat de chiens
à Kashgar

Dogfight,
Kashgar

Bazar du dimanche
à Kashgar

Kashgar
Sunday Bazaar

Bazar du dimanche
à Kashgar

Kashgar
Sunday Bazaar

Bazar du dimanche
à Kashgar

Kashgar
Sunday Bazaar

Bazar du dimanche
à Kashgar

Kashgar
Sunday Bazaar

Bazar du dimanche
à Kashgar

Kashgar
Sunday Bazaar

70

Hohhot,
Mongolie-Intérieure

Hohhot,
Inner Mongolia

Désert de Hunshandake,
Xilingol, Mongolie-Intérieure

Hunshandake Desert, Xilingol,
Inner Mongolia

73

Oasis de Wuwei,
corridor de Hexi, Gansu

Wuwei Oasis,
Hexi Corridor, Gansu

Oasis de Wuwei,
corridor de Hexi, Gansu

Wuwei Oasis,
Hexi Corridor, Gansu

Désert de Hunshandake,
Xilingol, Mongolie-Intérieure

Hunshandake Desert,
Xilingol, Inner Mongolia

Comptoir de kebabs dans le
vieux Kashgar, Xinjiang

Kebab stand in Old Kashgar,
Xinjiang

80

Deux jeunes Ouïgours
dans une camionnette, Kashgar

Two young Uyghurs
in a small van, Kashgar

Entre deux voitures du train
Lanzhou-Wuwei, Gansu

Between two cars of the
Lanzhou-Wuwei train, Gansu

Zone industrielle de Wuhai-
Shizuishan, sur les rives
du fleuve Jaune, Ningxia

Wuhai-Shizuishan Industrial
Zone, on the banks of
the Yellow River, Ningxia

Dans un restaurant d'Urumqi,
Xinjiang

Inside a restaurant at Urumqi,
Xinjiang

Bazar du dimanche à Kashgar,
Xinjiang

Kashgar Sunday Bazaar,
Xinjiang

Halte dans le désert
de Taklamakan entre Niya
et Luntai, Xinjiang

Highway rest area in the
Taklamakan Desert between
Niya and Luntai, Xinjiang

Gare de Wuwei,
corridor de Hexi, Gansu

Wuwei train station,
Hexi Corridor, Gansu

Oasis de Korla,
Xinjiang

Korla Oasis,
Xinjiang

Dans un autocar sur
la route d'Alashan Zuoqi,
Mongolie-Intérieure

On a bus to Alashan Zuoqi,
Inner Mongolia

Joueur de erhu,
Pékin

Erhu player,
Beijing

Place principale
de Hongsibao, Ningxia

Hongsibao Main Square,
Ningxia

Statue équestre de
Gengis Khān, Xilinhot,
Mongolie-Intérieure

Equestrian statue of
Genghis Khan, Xilinhot,
Inner Mongolia

UNDER A VEIL OF DUST:
IMAGES OF DESERTIFICATION

Olivier Asselin

At the origin of this book are a photo essay and three journeys, partly financed by the Canadian International Development Agency, made by Patrick Alleyn and Benoit Aquin. The piece, first published in *The Walrus Magazine*, was awarded the National Magazine Silver Medal for Photojournalism and Photo Essays as well as the Prix Pictet, in recognition of its contribution towards thought on sustainable development. The article is remarkable for the way in which it draws attention to an ecological disaster of unprecedented scale: the inexorable desertification of China's steppes, from Inner Mongolia to the western provinces. Yet more troubling still is the fact that it clearly references a problem of global significance, one with which the whole world will soon have to come to terms.

The book avoids one of the major pitfalls of journalism: its tendency to drown information — and politics — in a sea of exotic aestheticism. It does not pander, yet again, to the West's fascination for Orientalism, which, in recent years, has been directed with some ambivalence towards China, long admired for its extraordinary economic developments, yet criticized for its track record on ecology and its disregard for human rights. Instead, the book simply aims at describing and depicting the extreme transformation of a landscape, the causes and consequences — in relation to humans in particular, and the relative success and failure of the proposed solutions.

As Aquin's photographs clearly show, desertification in the region cannot simply be attributed to natural causes. Even though drought has certainly played a role, the phenomenon is essentially human — but not industrial — in origin. At the root of the problem are population growth and the increased demand for food in China in the latter half of the twentieth century, which pushed the region's shepherds to raise larger herds. In the meantime, these herds have literally grazed the steppes into veritable deserts. Paradoxically, this expansion, which promised prosperity for the region's population, has given rise to a new kind of poverty. Adding to the misery are the winds that regularly whip up sand storms over this desolate landscape, and whose effects can be felt as far away as Beijing and even overseas. Despite the Chinese government's many efforts to counter the process, for example, by revoking grazing rights, creating protected zones and reforestation programs, diversifying herds and farming, relocating and re-educating whole populations, and by creating irrigation infrastructures and artificial oases, the results have been disappointing, notably because the proposed solutions have not always taken local traditions into consideration. Be that as it may, Aquin's photographs offer us a more nuanced portrait of China — and its political regime. For once, China, with its particular brand of capitalism and tendency towards seemingly unlimited industrial development, is not the cause of the problem; on the contrary, the State is making concerted efforts towards finding workable solutions, often with help from the international community. Yet for the moment at least, desertification continues.

But this book is not simply journalistic in nature. It is also a travel journal that follows the journey of a train, the K43-T69, as it crosses Northern China from east to west to the origins of the Silk Road. The images tell the story of this long journey, setting it in time and space, articulating both the objectivity of the documentary and the subjectivity of the journal, combining history with anecdotes, journalistic information (ecological, cultural, social, economic and political) with incidental notes on people's everyday behaviour, describing fortuitous meetings, and minor incidents, which all anchor the story firmly in reality, offering a more intimate portrait of the subject and its human dimensions.

Having said that, Benoit Aquin's images clearly surpass the boundaries of photojournalism and travel journal photography. Instead, they put these genres to work, precisely by resisting generality and narrativity. Considered as imprints, these photographs are irremediably related to singular events; in their composition, they present only fragments of the total landscape, society, and the earth; their instantaneity captures only ephemeral moments of a journey, a story, and history. And even though one of their objectives is to document, the images have managed to retain a relatively autonomous quality with respect to this intention, never quite or sometimes not at all capturing the whole reality, as if the photographer had intentionally allowed himself to be distracted. Yet these images all tell a story, going beyond the function, symbolism, and narrative that discourse attributes to them.

Aquin's photographs have an undeniable documentary value. They distinctly illustrate the extent of the disaster on the overall landscape with images of the desert, herds grazing on rare vegetation, cracked earth, dry riverbeds, sand storms, reforestation and new plantations, pumping factories, irrigation networks, artificial oases, and new towns with their businesses, hotels, and restaurants, etc. They also dwell on the daily lives of the people who, despite everything, still live in this desolate landscape — shepherds watching over their herds, tradesmen at the market, labourers on construction sites, and city residents going about their everyday lives.

Moreover, these images, both individually and as a collection, reveal the tensions and stark contrasts that shape this universe: historical and generational differences between the traditional lifestyle of the region's shepherds and the modern life of the city dwellers; social differences between the impoverished nomads of old and the new more affluent middle-class; also ethnic, religious, linguistic, and cultural differences between the Han majority and the Mongol and Muslim minorities. Aquin's photographs transport us there where these heterogeneous worlds collide. These contrasts are expressed everywhere: in the architecture (tents versus houses built of concrete blocks, loose stone paths versus large asphalt boulevards), the clothing (women in headscarves and ankle length skirts versus others in jeans and high heels; old men wearing Afghan pakols versus young boys sporting baseball caps), in industry (manual labour versus factory work), right down to the rhythm of life (the slow movement of the herds versus the faster traffic of bicycle and motorbike; the hurried pace of city dwellers on their way to work or running errands versus the lethargy of the beggar who patiently holds out his bowl for alms).

Aquin's images avoid the emotions common to the humanist representation of humanity that have haunted photography since at least *The Family of Man* exhibition. His images are often harsh but never sentimental — they do not cultivate the usual forms of pathos anticipated by conformist discourse. On the contrary, these photographs remain strangely reserved, even silent. Faces are generally *inexpressive*, often captured during moments, so numerous in daily life but generally neglected by photography, when facial expression has no meaning. But more often than not, faces are hidden or obscured — by an anti-pollution mask or scarf, a curtain or surface of some kind, a tree or an object, or simply because the subjects have been photographed from behind, above, or from far away; others have been partially cut from the frame.

Animals also abound in these pictures, as they do in these regions where they live amongst rather than separately from the inhabitants: one stumbles upon sheep and goats, donkeys and horses, the odd stray cow, and cats and dogs alike. Treated with the same restraint and rarely humanized, these animals have the same impenetrable quality. Nevertheless, in this apathetic ensemble, there is one image that stands out:

a photograph of two dogs with bared teeth, straining on their chains in their readiness to fight before a line of motionless, silent men. It is quite revealing that the only depiction of explicit violence in this petrified world is animal.

Aquin's photographs also have an extremely sensual quality. From wide-angle shots contemplating the landscape and the immense work being carried out within it to standard formats examining the world on a human scale, these images pay particular attention to the *material*: to people's gestures, their hands, bodies, clothing, to the objects they are holding, and the materials around them; they also depict the predominantly manual work of the shepherds, tradesmen, and labourers; and show the earth, the scarcity of grass, the stones, the dust, and even air itself; dirty walls, worn wood, metal rusted by time, fabric flapping and paper flying in the wind.

Aquin's photographs also possess extraordinary beauty, all while resisting conventional aesthetic forms. Their composition is discrete yet exceedingly subtle. Far from the formal simplicity usually associated with beauty, these images neither favour nor avoid the centre; nor can they be reduced to a sweeping line or compositional form (horizontal or diagonal, rectangular, triangular, or circular), nor to an opposition of distant planes. Sometimes the composition is classic: the subject is centered, the sky and landscape well proportioned, the point of view frontal, with the lines of the motif echoing those of the frame; or they are precisely oblique, opening out to two vanishing points. But more often than not, the composition seems arbitrary, with the subjects, including people, being cut by the frame.

These images thus refuse to stabilize or perpetuate their motifs; instead, they express the volatility of reality, its transience. They do not cultivate the "decisive" moment, another cliché of photography: here, every moment is unique yet somehow banal, like everyday life itself, which endures even in face of silent threats. These images avoid the two main time frames in photography, those of the monument and the event, in order to present another time frame: long, irreversible and complete, that of declining civilizations, or natural disasters. From this perspective, it is not surprising that Aquin's photographs cannot be ascribed to a dominant aesthetic or style, since every photograph seems to offer an absolutely unique view of the world — like a first or final glance.

Finally, in Aquin's work, there is a veritable fascination for surfaces. His work often integrates *wide* or *flat* motifs, which partially or completely obscure the view, bringing to the fore the *flatness* of the image, in the form of a wall, a window in which another view is reflected, a curtain of plastic strips in a shop doorway, a car windshield, a tarpaulin delimiting an urban construction site, large signs covered in letters, an open newspaper, the roof of a tent, a line of men, a row of trees, etc. Alternately, the motif is presented in such a way that it appears flat: the cracked earth, a bed of stones, a tiled floor, or an asphalt road, which, viewed from above, fills most of the frame, reducing the photographic space to the surface of the image.

The surface is also affirmed by the *multiplication* of motifs, by their homogenous repetition, or, quite the reverse, by a heterogeneous accumulation of varied motifs: a crowd wearing diverse hats and clothing, patterned cloth on display at the market, a pile of shoes on a market stall, bicycles and motorbikes with seats covered in embroidered saddlecloth, paper strewn around in a field, flag streamers made of dozens of scraps of frayed material blowing in the wind, etc. These motifs, these colours and varied textures fill the image, animating it with constant visual movement, as in an *all over* composition, or a *carpet*.

Finally, the surface emerges when the dark night, the mists of dawn, smoke, sand, or dust subdue the contrasts between light and colour, diffusing contours, blurring the background to transform the whole into an unidentifiable and purely optical space within the far-off limits of visibility and the surface of the image, reminding us of a *colorfield* composition, or a *sail*.

All of this beauty appears as an oasis in the desert. It is, perhaps, just a mirage — a shimmering glimpse of a catastrophe, but strangely, it offers hope. Perhaps because it was born of the fortuitous meeting of blind nature with tireless human activity, seen through the extraordinary eye of a photographer, a witness to fragile white flowers, in bloom against all odds like delicate lace across the surface of this arid soil. Beyond the eloquence of these images as documentary photographs and their value as poignant works of art, Aquin's photographs above all possess the all too rare quality that Roland Barthes referred to as *pensivité*. Considered among the mass of images served to us daily in our abundant media-filled world, they glimmer with intelligence, sensitivity, and philosophical profundity.

THE CHINESE DUST BOWL

Patrick Alleyn

From Beijing to Urumqi, from east to west, the K43-T69 train crosses China's great northern steppes before following the legendary Silk Road. Cutting through 3,343 kilometres of dusty grasslands, dried-up riverbeds, threatened oases, and deserts both ancient and new, the train could be dubbed "the desertification train."

For two days, lulled by the rhythmic clang of metal wheels on rails, the passengers pass through a dreamscape of steppes and deserts, but the view also reveals one of the most severe environmental disasters of our time: the Chinese Dust Bowl, one of the largest conversions of fertile land into desert anywhere in the world. The deserts cover nearly 20 percent of Chinese territory, and although most of them are natural, a quarter are the result of human activity. Almost all lie along the K43-T69's route that links the provinces of Inner Mongolia, Ningxia, Gansu, and finally Xinjiang, at the edge of Central Asia.

Over the years, Chinese farmers and shepherds have transformed thousands of square kilometres of cropland and verdant prairie into new deserts. The soil, once barren, is swept up by the spring winds into ferocious dust storms, battering the capital, Beijing, before moving on to Korea and Japan. The most powerful yellow dust clouds even make their way across the Pacific to the United States and Canada. The loss of precious topsoil for Chinese agriculture ends up polluting not only China's cities but also countries halfway around the world.

The expression "dust bowl" was first coined to describe the drought that hit the Midwest and the Canadian prairies in the 1930s. The North American "dust bowl" forced nearly three million people to abandon their land. In China, the government is now implementing an "ecological migration" (*Shengtai yimin*) policy that could result in the resettlement — forced or voluntary — of millions of people.

Yet the passengers can also observe something equally spectacular from their window: everywhere on the vast desert horizon, the sight of troops of farmers arriving in old trucks wielding shovels and saplings, and row upon row of trees standing brave against the wind. China's Great West train is thus witness to the most significant environmental restoration effort in history. The Great Green Wall, a tree barrier of some 4,500 kilometres in length, is intended to protect the fragile earth from erosion. In addition to this massive afforestation program, another project of equally immense proportions is the *Nan Shui Bei Diao* — the South-to-North Water Transfer. It aims at redirecting waters from the Yangtze River to northern China, via a complex network of canals and tunnels.

After travelling 501 kilometres, the train arrives at Jining, the first station in Inner Mongolia, a vast province renowned for its lush steppes and shepherds. Today, however, the region is also becoming famous for its new deserts.

As night falls, a taxi drives us to the Xilingol Steppe, where grass is evidently in short supply. A law here forbids grazing during critical periods such as spring, and sections of land are fenced off for natural restoration. As we turn a corner, out of nowhere and despite the grazing ban, a herd of sheep appears, munching on the steppe's exhausted turf. Two shepherds greet us with a mocking gaze: "We let our herds onto the pastures at night, when the police knock off," one explains from under an oversized fur hat. Our conversation is suddenly cut short as they push their flock into the valley, having spotted a police car coming down the road. "The grass police!" one exclaims. It is only as we head back to our taxi that we notice the mass of sheep droppings underfoot.

Early next morning, we drive on the new highway through kilometres of sandy terrain before reaching the prairie around Xilinhot City. Mongolian herders on motorcycles direct their horses through denuded dales, but the majority of the people we encounter are workers, busy planting yellow willows in an effort to keep the dunes intact.

Further on, there's a mechanic's shop, where shepherds wait for their motorcycles to be fixed. "The restrictions aren't good for us shepherds," says the only one among them who speaks Mandarin, summarizing the concerns of those around him. "The sheep that are kept in pens lack food, and some are dying. That's why many of the shepherds hide from the police to let their animals graze at night."

On the following morning, the skies over Xilinhot are clear blue. Until 11 a.m., that is, when a cloud of yellow dust from the surrounding steppes sweeps in, engulfing the entire city. The sand beats violently against the car windows. "We have to replace our windshields once a year," complains our driver. Yet on the steppes, despite the wind and the sand in their eyes, teams of tree planters continue their arduous mission.

Back on the train, 1,185 kilometres into the journey, we reach the massive Wuhai Industrial Zone, on the banks of the Yellow River. We are heading by bus to Alashan Zuoqi. Along the road, mud huts where shepherds once lived are falling into ruin. The local government is currently carrying out a large forced resettlement operation here, with the objective of moving 80 percent of the region's shepherds from the degraded prairies by 2010. Relocated in villages, the shepherds are re-educated in greenhouse cultivation techniques.

On our arrival at one model village, we meet a woman, who expresses the concerns of her community: "The ban on grazing should last five years," she says. "We receive subsidies while we wait, but we're afraid of not recovering our land after the ban." Then a young woman arrives on a motorbike and invites us for a lamb lunch at her mother's house, where we are greeted by officials from Alashan's propaganda department: her invitation was a trap, extended to foreign journalists. The propaganda chief is outraged: "What are you doing on MY territory without permission? You're violating the Chinese constitution!" But his subordinates then take us to lunch in the best restaurant in town before escorting us directly to the station.

At 1,335 kilometres from Beijing, the train stops at Yinchuan, in Ningxia Province, an "autonomous" region inhabited by the Hui, a Muslim people culturally similar to the majority of Chinese. This is where the great Mongolian steppes give way to a new ecosystem: the immense deserts of western China, with their fertile oases that once offered shelter to the traders of the Silk Road.

Hongsibao and its forty-two satellite villages sprang up in 1995 in a vast expanse of gravel, over which only the tanks of the People's Liberation Army had previously rolled. Since then, Hongsibao has become the largest city of ecological migrants in China, inhabited by nearly 200,000 peasants and herders relocated here from the arid mountains.

Hongsibao's oasis, created by pumping water from the Yellow River, is the jewel of what the Chinese government calls "ecological construction" (*Shengtai jianshe*). This consists in reshaping the country's landscape to save endangered ecosystems and lift millions of Chinese out of poverty. Ecological construction here takes one of two forms: either the fragile ecosystems are closed to human activity, returning them to nature by creating protected areas, or engineers construct entirely new ecosystems.

With its air of a company town, Hongsibao has everything: a wedding dress shop and one for designer jeans, a "one hour" photo lab, a huge market filled with the sound of techno and surrounded by open-air billiard tables, and an enormous Soviet-inspired plaza illuminated by post modern streetlights. Farming in Hongsibao takes place in the shade of 69,000 hectares of recently planted forest. So many people want to live here that many allegedly offer bribes to the authorities to get their names on the displaced persons list.

In her courtyard, Mrs. Ma watches copper-cheeked children jump rope. This new Hongsibao resident recalls: "Our whole village was moved here. It took ten years." She says she misses the mountains and panoramic scenery, but adds that she prefers her new home—before coming here, she used to live in a cave. The UN has classified her native region as one of the most inhospitable to human life on Earth.

Outside, a dust storm strikes, paralyzing Hongsibao, emptying its market and filling the air with choking yellow dust: a sharp reminder that ecological construction still has a long way to go.

1,741 kilometres into the K43-T69's journey is the Minqin Oasis in Gansu Province, which has come to symbolize China's battle with desertification. Scientists, politicians, and journalists congregate here to study the harsh reality of a small agricultural enclave housing 300,000 under immediate threat from the spread of the Badain Jaran and Tengger deserts, two natural deserts that are slowly merging into one colossal sandscape.

The first thing that strikes any visitor to Minqin is the buzzing sound made by the diesel pumps, located at the four corners of the oasis, as they draw water from the subterranean water table in order to redirect it to vast fields of corn, wheat, and watermelon.

Leaning on a shovel, holding a cigarette between fingers yellowed by fertilizer, farmer Xu Li Qing justifies the operation with a note of concern: "We pump water from underground because the river that used to feed the oasis has dried up. But we're pumping from deeper and deeper down. Within twenty years, we'll have used up all the water underground." All around his plot are rows of purple willows, planted to prevent the progression of the dunes. The farmer gestures sadly towards them saying, "They look half dead."

On the last leg of the journey is Xinjiang, a province at the frontier of China and Central Asia that borders eight countries. Having control over this region was as important to China's emperors of old as it is today for the country's Communist regime.

On our arrival at Urumqi, the capital of Xinjiang, a voice recording, destined at tourists and played in an incessant loop, exclaims that Xinjiang has been a multi-ethnic region for centuries. The Kazakhs, Mongols, Uzbeks, Hui, Uyghurs, and Han are among the many peoples listed in the recording. But historically, Xinjiang was a region populated predominantly by Uyghurs, a Muslim people who speak a Turkic language. Today, following decades of resettlement programs favouring the Chinese majority, it is the Han population who accounts for nearly half of Xinjiang's 20 million inhabitants.

After changing trains at Urumqi, we head for the cultural capital of the Uyghurs, Kashgar, in the Tarim Basin, south of Xinjiang. The crowded double-decker cars climb the massive Tianshan Mountains, weaving in and out of tunnels between snow-capped peaks. It is spring, and thawing snow from the mountains merges with melting glaciers to flow into the great Tarim River below. This long inland river, which never reaches the sea, irrigates a succession of fertile oases surrounding the Taklamakan Desert, the second largest desert in the world with an ecosystem made fragile by limited water supplies.

The train's arrival at Kashgar station is quite the spectacle: hundreds of Han Chinese workers carrying huge packs on their backs disembark from the train and make their way into the Uyghur capital on the Pakistan border. For many Uyghurs, the train represents the final step in the mass colonization of the region, led by the Chinese government. From our hotel room, we can see a huge poster of basketball player Yao Ming, a symbol of the sinicization of the old town.

Scattered throughout the landscape of the Tarim Basin are military-agricultural settlements, or *Bingtuans*. These paramilitary work units were set up by the Communist government after 1949 to safeguard Xinjiang's borders and develop food production in the oases, yet the principal objective of the Chinese state may well have been to curb Uyghur nationalism.

These autonomous towns and cities are a veritable state within a state, inhabited by a population of nearly two million mostly Han Chinese who control one third of the region's arable land and the source of the region's rivers, which they use for extensive cotton cultivation. The *Bingtuan* colonization of Xinjiang along with other policies for settling the Uyghur-dominated region have resulted in an overpopulation of the fragile oases and ultimately to the desertification of the Tarim Basin.

Later, in a taxi, we follow the long Tarim river downstream, searching for its end, which we finally find in the form of a stream trickling through a grove of dying Euphrates poplar trees. The entire ecosystem of Xinjiang is threatened. The melting of glaciers, accelerated by global warming, is also jeopardizing the region's future water supply. In response to this imminent crisis, the government plans to build dozens of giant reservoirs to catch and store run-off from the glaciers.

As we head back to Beijing, our train is engulfed by the tail of a gigantic dust storm. The scene is dramatic and surreal as we watch the wind strip away yet another fine layer of northern China's precious topsoil, of leaving just sand and rocks. Once all the fertile soil is gone, it will take up to 200 years to re-form.

Benoit Aquin remercie Patrick Alleyn, Louis Lussier, Normand Rajotte, Serge Clément, Pierre-Laurent Boulais, Margot Ross, Raphaël Daudelin, Anouk Pennel, Olivier Asselin, Louis-Charles Lasnier, Rémi Bédard, Robert Walker, David Pratt, Erin Elder, Bree Seeley, William Ewing, André Bourbonnais, Isa Tousignant, Denise Schuk, Richard Aquin, Bérangère Aquin, Chantal Aquin, Brigitte Aquin, Stéphane Aquin, Nicolas Bérubé, Nicole St-Amour, Serge Crochetière, Antoine St-Amour Crochetière, Janette Danel, Martine Doyon, Bertrand Carrière, Michel Campeau, Jean-Marc Charbonneau, Raymond Cantin, Izabel Zimmer, Philippe Chlous, Cécile Bayle, André Barrette, Olivier Hanigan, Guillaume Simoneau, Nicolas Amberg, Alain Pratt, Jacques Fournier, Stewart Robinson, Jacques Doyon, Richard Amiot, Pierre Soucy, Anne-Pascale Lizotte, Wang Meng, Kui Li, Joanne Germain, les éditions du passage, Encadrex, Photosynthèse, l'ACDI, The Walrus et Prix Pictet.

Achevé d'imprimer sur les presses de Friesens
Manitoba, Canada

Imprimé sur papier Mohawk Option

Quatrième trimestre 2009